本書の企画にあたって

総合企画　林　弘明

私の本業は不動産業であり、約五十年自営業でやってまいりました。小なりとは言え五十年もやってきた結果、多少なりとも成功したと思っております。生涯現役の気持ちは変わりませんが、ある日「稼ぐばかりが能じゃない」と天から啓示を受けました（笑）。

本業を通じて経済社会に貢献してきたつもりですが、より直接的に社会貢献しようと思いめぐらした結果、国防・安全保障にいくばくかでも貢献しようと考えました。

今の日本は曲がりなりにも日常の安心・安全な平和を享受しています。しかしこれらの全てはこの国土・領土の上にのっています。いわばこの領土というテーブルが割れてしまったら、どなるのか。ウクライナ、中東など世界各地で戦争が起こっています。日本にこうしたことが起ないために様々な方策がありますが、今の自分にできる範囲で、日本の平和に直接貢献したい思いました。

国境問題で現在鍔迫《つばぜ》り合いしている尖閣諸島問題にまず取り組み、自らの命を張って同海域であえて漁労を行い、尖閣諸島は日本固有の領土であることを主張している石垣市議（八期）で沖縄の海人、仲間均氏を支援することから始めました。

私の国防活動は徐々に広がり、本書の著者・葛城奈海氏ならびに「一般社団法人防人と歩む会」と出会うところとなり、その会も支援することに致しました。石垣島を軸に活動しておりましたが、そのさらに西方に日本最西端国境の島・与那国《よなぐに》があり、島のこと、島民や駐屯地の自衛隊の方々の思いを是非知りたいと考え、葛城氏はじめ同志と共に与那国島を訪問することにしました。

本書は、糸数健一与那国町長を中心に島民が一丸となり、また駐屯する自衛隊も島の方々に寄り添いながら、国境の島を守るために日夜奮闘されている姿をレポートしています。

一人でも多くの心ある方々に手に取っていただき、日本人一人ひとりの国防意識を高める一助となれば幸いです。

【総合企画者略歴】　林　弘明（はやし・ひろあき）

国防活動家、不動産実業家。

一九四七年神奈川県鎌倉市生まれ。明治大学商学部卒業。

尖閣諸島を守る会会長、八重山防衛協会名誉会員、一般社団法人防人と歩む会（会長：葛城奈海）顧問、一般財団法人日本安全保障フォーラム（理事長：矢野義昭）顧問、一般社団法人日本沖縄政策研究フォーラム（理事長：仲村覚）顧問、公益財団法人日本国防協会（理事長：岡部俊哉）評議員などを務める。

目次

はじめに

令和六年七月十二日、「防人と歩む会」会長として陸上自衛隊与那国駐屯地を訪問し、日本の最西端で日夜国防のために尽力している防人たち、つまり自衛官へ感謝と敬意、激励の思いを込めて「防人最西端」（紅雅書）の揮毫《きごう》を寄贈した。当会の林弘明顧問の発意と支援によって実現したものだ。併せて、林顧問からは「せっかく与那国に行くのだから、現地取材の内容を明成社からブックレットとして発刊しましょう」とご提案をいただいた。

平成二十四年に発行された前ブックレット（三荻祥編『脅かされる国境の島・与那国』）から早十二年の歳月が流れている。その間、世界情勢も変化し、また特に自衛隊の駐屯地が置かれたことにより、与那国島にも大きな変化があったはずだ。その変化を現地で取材し、新たにまとめることができたら、与那国の現状と島民の思いを多くの日本人に伝えられる。そう思い、ご提案を有難くお引き受けした。

現地で見聞したことは、予想以上に刺激的であった。なかでも、国の際《きわ》に立つ自治体の首長である糸数健一町長の「島を守ることによって日本を守る」という固い決意に心を動かされた。その町長とタッグを組むようにして、これまた静かに熱い思いを秘めた鵜川《うがわ》優一郎与那国沿岸監視隊長兼駐屯地司令（取材当時）の、島民に寄り添い、島を守ろうとする覚悟が琴線に触れた。

本書から、そんな国境の島・与那国発の思いが伝播《でんぱ》していくことを願ってやまない。

第１章

与那国島、与那国駐屯地の安全保障上の意義と自衛隊員の任務

葛城　奈海

与那国島、南西諸島の安全保障環境

「台湾有事は日本有事」と言われるようになって久しい。与那国島は、台湾に一番近い日本領土だ。日本国の最西端に位置し、台湾との距離は百十一キロメートル。東京までの二千キロメートルに比して圧倒的に近い。気象条件に恵まれれば台湾の山並みが肉眼で見られるし、与那国町役場の入口には、姉妹都市である花蓮《かれん》市から寄贈された一対の獅子が鎮座していることからも、台湾との物理的および精神的な「近さ」が窺える。それだけに中国の脅威というものも、いわゆる「本土」に暮らす平均的日本人に比べれば、与那国島民は遥かに「自分ごと」として感じられているのではないだろうか。

花蓮市から寄贈された獅子

筆者は、尖閣漁船衝突事件に衝撃を受け、事件翌年の平成二十三年秋から石垣島の海人らとともに、十五回にわたって尖閣諸島海域に漁船で渡ってきた。そこで目にしたものは、特に平成二十四年九月の尖閣国有化以降、著しく増えた中国公船の姿であった。日本の領海を侵犯してくる中国公船に対し、現場では海上保安庁の巡視船が無線と電光掲示で「ここは日本国の領海です。速やかに退去しなさい」と呼びかけ、政府レベルでは「遺憾の意」を表明してはいる。

しかしながら、口だけの対応で何ら実効性を伴わず、中国を抑止することができていない。サラミをスライスするように中国は日に日に厚顔の度を増し、気が付けば中国公船による接続水域への侵入はほぼ毎日、領海侵入も週に一回の割合になっている（令和六年現在）。さらにまずいことに、日本国民もこうしたことに慣れてしまい、そもそもニュースにすらならない。よって、「領海侵犯」されても気にも留めなくなってしまった。つまり「異常」が「日常化」してしまったのだ。これこそ中国の「思うつぼ」ではないだろうか。

令和四年八月四日には、台湾周辺で中国軍の大規模な軍事演習が実施され、中国軍によって発射されたミサイル五発が日本の排他的経済水域（ＥＥＺ）に着弾している。原因となったのは、八月二日から三日にかけて行われたナンシー・ペロシ米下院議長の訪台であったが、このＥＥＺ内着弾についても、日本政府は「遺憾砲」を撃ったくらいで、ろくな反応をしなかった。そんな政府の「他人事ぶり」と対照的だったのが、糸数健一与那国町長の「当事者意識」だ。第二章のインタビューで、その熱い思いをしっかりとお届けしたい。

八重山警察与那国駐在所

自衛隊の配備と与那国沿岸監視隊の任務

キナ臭くなりつつある南西諸島における防衛の空白状況を解消すべく自衛隊が配備されるのは、当然の流れであった。むしろ遅かったくらいであろう。いずれにせよ、その先駆けとなったのが八年前、平成二十八年三月二十八日に創設された陸上自衛隊の与那国駐屯地だった。

与那国島は、南北四キロメートル、東西十二キロメートル、島一周二十七・五キロメートルで木の葉のような形をした島だ。現在、自衛隊とその家族を含む一七〇〇人の島民が暮らしている。交番二つにお巡りさんが二人、拳銃二丁しかなかった与那国に、南西諸島での第一号となる部隊、与那国沿岸監視隊等が約百六十人態勢で新編、配備された。

「これが失敗していたら、その後は難しかったでしょう」と与那国沿岸監視隊長兼与那国駐屯地司令（取材当時）鵜川《うがわ》優一郎一等陸佐は言う。その陰にあった先人たちの労苦については後述するが、その後、紆余曲折がありながらも宮古島、石垣島の警備隊や地対艦誘導弾部隊など、いくつもの部隊の新編や移駐が進んでいる。与那国島にも、その後、航空自衛隊第五十三警戒隊与那国分遣班（令和四年四月一日）や陸上自衛隊電子戦部隊（令和六年三月二十一日）が相次いで配備されている。

部隊の任務は、日本の領海・領空の境界に最も近い場所において、平素から二十四時間三百六十五日、切れ目なく周辺海・空域の警戒監視にあたることだ。各種兆候を察知することで日本の防衛に極めて重要な役割を果たすべく、隊員は高い緊張感をもって日々任務を遂行している。前述のＥＥＺ内へのミサイル五発落下の際にも、隊員たちは「慌てず冷静に対応し、粛々と任務を継続した」（鵜川隊長）という。

令和六年八月二十六日には、長崎県五島市の男女群島沖で中国軍のＹ―９情報収集機が日本の領空を侵犯した。これまで無人機による侵犯はあったが、有人の中国軍機による領空侵犯は初めてのことであった。情報収集機は、中国大陸の方向から九州に向けて飛行し、男女群島の南東沖で複数回旋回した後に領空に侵入した。当然ながら、航空自衛隊の戦闘機が緊急発進して領空に接近しないよう無線で通告や警告を行ったものの、これを無視して約二分間領空内を飛行し、その後も一時間半にわたって周辺上空で旋回を続けた。

この侵犯について中国は、「中国側はいかなる国の領空にも侵入する意図はない」と言っているが、元海上自衛隊パイロットによれば、領空付近を飛行する場合、相手国から「領空侵犯する恐れがある」との危惧を与えない飛行経路を取るのが一般的だ。航空自衛隊のレーダーサイトからもこの中国機に対し、領空への近接回避について警告されたはずである。にもかかわらず、この中国機は、領空に対して直交する経路で近接し、領空すれすれの手前で周回軌道を取り、その周回中に領空に侵入している。現場のパイロットによる挑発行為だったのか、中国が国家として日本の防空システムの情報をとろうとしたのかは不明だが、いずれにせよ領空に侵入するという明確な「意思」があったことは疑うべくもない。

このように、次第にエスカレートする中国の動向を警戒監視し、様々な兆候をいち早く掴むためにも、与那国に部隊が存在する意義は益々大きくなっていると言える。

令和四年九月二十二日には、沖縄県内にある有人の島で初となる空挺降下訓練が与那国島で行われた。私自身、そんなに最近まで空挺降下がなされていなかったのかと意外だったが、沖縄県では県民への刺激が強すぎるということで、それまで実施されていなかったという。

さらには、同年十一月十日から十九日にかけて、先島諸島内初となる日米共同統合演習が実施された。同訓練では、航空自衛隊のC−2輸送機を使って運び込まれた陸上自衛隊の16式機動戦闘車（ＭＣＶ）が、与那国空港から駐屯地まで公道約六キロメートルを走行した。機動戦闘車が公道を走るのは、これまた県内初のことであった。

我が国に敵対意識を抱く国は中国ばかりではない。ロシアや北朝鮮も日本への敵意を隠さない。世界地図を逆さにし、大陸側から太平洋を見ると、こうした国々にとって、日本列島と南西諸島が織りなす弧がいかに太平洋への出口を塞ぐ目

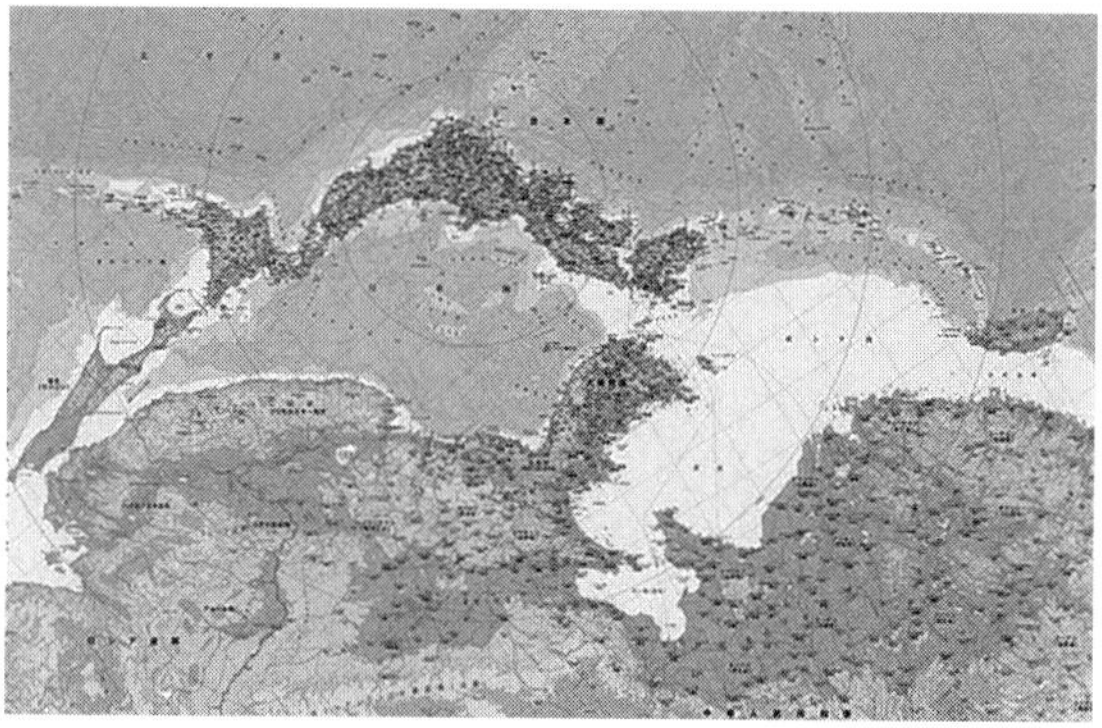
逆さ地図（富山県提供）

障りな存在であるかが見てとれる。

そんな中、「弧」の最西端を構成している与那国駐屯地の地位と果たすべき役割として、以下の三つが挙げられる。

一　「任務部隊」として、陸上自衛隊西部方面総監の耳目となり、また海空自衛隊と協同して情報収集任務を遂行すること

二　「国境離島部隊」として、国境における抑止・対処の主体となり、各種事態等に実効的に対応すること

三　「南西部隊配置の先駆け」として、南西のモデル駐屯地（手本）となり、望ましい作戦環境の創出に寄与すること

国民保護計画

いずれの役割も大変重要だが、「二」「三」に関連して近年注目されているのが、いざという時に必要となる国民保護計画だ。

指定行政機関、都道府県、市町村は、国民保護法（正式には「武力攻撃事態等における国民の保護のための措置に関する法律」）に基づき、武力攻撃事態などにおいて国民の生命、身体および財産を保護し、国民生活に及ぼす影響を最小にする責務を負うことが義務付けられている。一方で、

どこまで避難や救援などの計画を具体化するか、定期的な訓練や必要物品の備蓄などを行うかといった温度感は、各自治体の本気度によってかなり異なる。

そんな中、国民保護法に基づき与那国町が平成二十九年五月に策定した基本計画は、その後どんどん具体化、進化を重ねている。

「全住民が概ね一日で島外（九州）に避難する。住民の負担を考慮し、可能な限り航空機を活用する。船舶は、航空機による移動が困難な要配慮者およびその支援者（家族を含む）、ペット同行避難者などを想定する」とされ、避難にあたっては、常日頃から濃密な関係が築かれている地域共同体の「組」を単位とすることまで計画されている。

与那国島には五つの公民館があり、平素から伝統的な祭事や行事の多くを、その公民館が主体となって実施している。五つの公民館をさらに細分化したものが「組」で、たとえば東自治公民館は東一組と東二組に分かれる。こうした組が島全体で九つあるが、住民の顔や性格なども熟知している各組長が避難誘導の主体となり、また避難先も組単位でまとまることを理想としている。避難先で地域のコミュニティがバラバラになり、孤独化が進んだ東日本大震災などの教訓が見事に活かされている。

詳細に記された「避難実施要領（案）」は、まさに他の自治体も範とすべき充実ぶりで、正直なところ、ここまで具体的に計画しているのかと感銘を受けた。国民保護の実施主体は各自治体だが、自衛隊と日頃から密に連携しているからこそ立てられた緻密な計画であろうことは想像に難くない。

さらに、令和四年十一月三十日には、内閣官房、消防庁、沖縄県と与那国町が連携して住民避難訓練が実施された。「X国から弾道ミサイルが発射され飛来するおそれがある事態」を想定し、防災行政無線による住民への情報伝達や公民館内の窓のない場所への住民避難（車椅子の方など要配慮者含む）を実際に行った。こうした実動訓練は沖縄県内初であった。

本ブックレットの前身にあたる『脅かされる国境の島・与那国』（明成社）によると、平成二十二年三月の取材時において、多くの島民が与那国上空に設定された防空識別圏（ＡＤＩＺ）について危惧していたという。当時、与那国上空のうち、西側三分の二がなんと台湾の防空識別圏に入っていたのだ。

そもそも沖縄占領時に米空軍が設定していた防空識別圏を防衛庁（当時）がそのまま継承していたことに起因する。その結果、東経百二十三度線を境に島の東側三分の一は日本、西側三分の二は台湾の防空識別圏として扱われていたため、日本の航空機が与那国島上空の台湾の防空識別圏に進入する際には、台湾に対して進入予定地点や予定時刻などを報告しなければ、「国籍不明機」として台湾からスクランブルをかけられてしまう可能性があった。当時、与那国町議会議員だった糸数健一現町長は取材に対し、「有事の時、いちいち台湾に連絡をしていたら間に合いません。それにもし、台湾が中国に取られたならば、与那国も一緒に取られてしまうんです。防空識別圏は屈辱的なことなのです」と語っている。

その後、沖縄県の仲井眞《なかいま》弘多《ひろかず》知事（当時）が鳩山由紀夫首相（当時）に早急に見直すことを申し入れた結果、平成二十二年六月二十五日、防衛省が防空識別圏を与那国上空全体を含むように設定し直した。具体的には、与那国島の陸地から台湾側洋上へ十四海里分（約二十六キロメートル）を半月上に広げる形で再設定した。ちょうど〝出べソ〟のような形で、防空識別圏がそこだけ西側に飛び出している。通常、領海・領空は領土から十二海里（約二十二キロメートル）で、防空識別圏はさらに外側二海里（約三・七キロメートル）なので、それに基づく措置だ。この時の地図が「取り戻した与那国島の空」という赤い大きな文字を添えて役場に掲示されており、当時の島民の湧き立つような喜びが伝わってくるようだった。

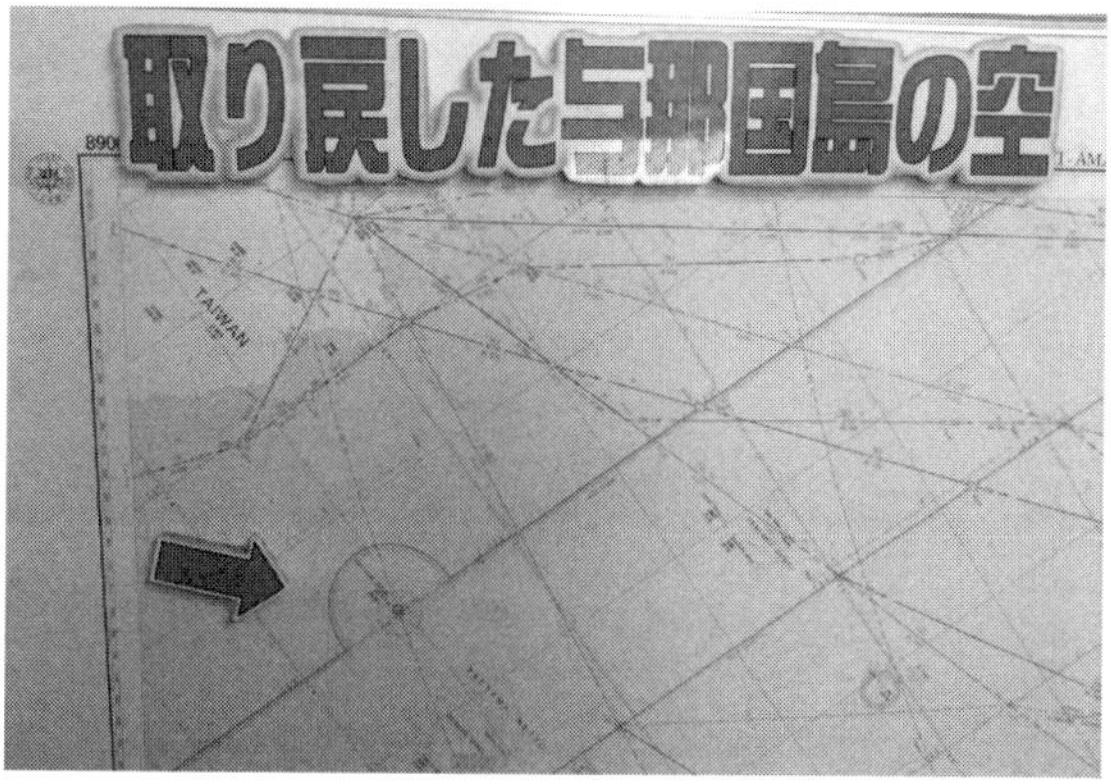

防空識別圏

　しかしながら、糸数氏はこの措置について、「東経百二十三度に引かれた境界線を、そのまま百二十二度に移動させるのが私たちの訴え。今回の改定ではそれを実現しておらず、防空識別圏問題はまだ完全には終わっていない」としている。

　これほど大きな話ではないが、今回の取材にあたっても、自衛隊の駐屯地が開設されたことに付随して、僅かながら領土・領海が広がったことを知った。具体的には後述するが、そのあたりも国の際に存在する島であることを実感する現実であった。

第2章

与那国発、真摯な国防意識を全国へ！

与那国町長　糸数　健一

自衛隊駐屯地開設で島に活気が生まれた

――与那国に自衛隊駐屯地が開設されてから八年経ちました。自衛隊誘致によって、島がどのように変わったのかお聞きします。まず、島の人口はどう変化しましたか。

糸数　駐屯地開設に先立って、先遣隊の方々が二十名いらっしゃいました。その方達も含め、島に駐屯する自衛官は皆素晴らしい方ばかりです。

島の人口減少は長年抱えてきた大きな課題です。昭和二十二年（一九四七）、一万二千名に定住人口が増えた時に、与那国は村から町へ昇格しました。現在の島の人口は約一七〇〇名ですから、そこからいかに人口が減少してきたかがわかるでしょう。

終戦直後、与那国は非常に栄えていたわけですが、当時行われていた闇貿易を米軍が取り締まり、摘発したことをきっかけに、人口流出が始まるようになりました。

闇貿易が横行していた背景には、日本が先の大戦で負けたと同時に、中国大陸で国民党と共産党の内戦が熾烈を極めていたことが影響しています。

国民党の蔣介石は共産党に負けて、台湾に逃げ込んで、「大陸反攻」を唱えるようになります。その影響で、沖縄本島の米軍基地から薬莢《やっきょう》、真鍮《しんちゅう》、鉛《なまり》、火薬といった軍事物資を闇夜に紛れて盗み出し、与那国を拠点にして、大陸に持っていくということが行われていたのです。台湾からは、米を中心に茶やバナナといった農産物などを物々交換で仕入れていたようです。

糸数健一・与那国町長

小さな漁港ですから、闇物資を積んだ舟が入りきれず、沖に投錨《とうびょう》して、小さな集落に二十五軒以上もの料亭がひしめいて、朝まで不夜城になっているような時代でした。当時を知る島民は、「あの夢をもう一度」と思うこともあるようです。

人口に話を戻すと、駐屯地ができる前は一五〇〇名を切っていたのが、今年（令和六年）六月末現在で一七一〇名。二百名余の人口増となりました。町民人口は減ってきていますが、その分を自衛隊の皆さんが来られたおかげでカバーしています。どうにかあと三百名増やして二千名にするのが当面の目標です。

人口減少に関しては、今のままだと負のスパイラルに陥ってしまいます。二千名という数字はあくまで目安ではありますが、東京のど真ん中の一つのビルであろうと、その中に二千名の人口があれば、どんな商売でも成り立つという法則があるそうです。
まずは人口を二千名にし、その後、自然に人口が増えていく流れに転じさせることができないかと考えています。

――移住者を増やすことにも力を入れておられるのでしょうか。

糸数 もちろんどんどん移住して来てほしいとは思います。ただし、日本自体、少子高齢化が進んでいて、外国人を受け入れようという声が強いですが、よほど慎重に考えなければ、かえって国のためにならない、ということもあります。

――昨夜、食事をしていると、神奈川県の逗子から星を見るために一人で来たという女性がいらっしゃってお話しました。与那国島は、南十字星と北斗七星が両方見えるそうですね。

糸数 この島の星は、本当にキレイですよ。場所によっては、本当に星しか見えないようなところもあるくらいです。「日本一星がきれいな島」というキャッチコピーがありますが、与那国もそうだし、波照間島もそう。この辺りの島でこぞってどこが一番かを競争しているくらい、どこも星がきれいです。

島の経済・医療・災害対応

――自衛隊が誘致されたことによって、経済的な面でどのように島が変わったとお感じですか。

糸数 自衛隊誘致にあたって、実際に自衛隊駐屯地を構える自治体を何カ所か視察しました。そのうちの一つ、北海道標津町《しべつ》で、私共の仲間が質問しました。

「自衛隊を誘致したことによるリスク、デメリットはありましたか」

愚問と言えばそれまでですが、標津町の関係者は、「何一つありません」と答えました。

標津町でも、最初の頃は地元住民に反対されることを覚悟していたけれども、今や共産党議員でさえも、自衛隊協力会のメンバーに入るくらい自衛隊への支持は厚いと仰いました。これには、皆驚いていましたが、実際、与那国に自衛隊駐屯地開設後、未だに頑なに反対されている人も一部いるとはいえ、いずれこの島も標津町と同じようになっていくと私は思っています。

一〇〇%の支持を得るのは難しいかもしれませんが、近づける努力は今後も必要だと思います。防衛協会、自衛隊協力会など、様々な組織がありますが、そこに所属する一部の人間に支持を留めるのではなく、裾野をどんどん広げていかないといけないと、職員には口酸っぱく言っています。


――医療についてはいかがでしょうか。

糸数　以前、無医村になってしまいかねない危機的な時代があり、先輩方は大変なご苦労をされてきました。医師一名体制という厳しい状況で、お医者さんは、急患もあるので心休まる暇がないという大変な状況でした。これを何とか二名体制にしなければならないというのが島の課題でした。かつて町長の一番大事な仕事は、全国を駆けずり回って医師を確保することでした。現在は、診療所の管理運営を、民間事業者である地域医療振興協会のご協力で、指定管理者として島の医療を担っていただいています。

自衛隊が島に来たことで、駐屯地の医務官の方を週一〜二回派遣いただくようになりましたが、当初は島に来る診療所のお医者さんの中に自衛隊嫌いな方がいらっしゃって苦労しました。とはいえ、ある日たまたま医務官の方と、そのお医者さんが一緒に飲む機会があったようで、そこで打ち解けて理解してくれるようになったそうです。

自衛隊が島に来て、医務官を派遣くださっていることは島の医療にとって非常に助かっています（註：現在、医療支援のため駐屯地の医務官と放射線技師の隊員を派遣。これは自衛隊として全国初の試み）。またいざという時、石垣や那覇に緊急搬送しなければなりませんが、その時は自衛隊の力を借りなければ何もできません。

コロナ禍の時に、この島でもパンデミックが起こりました。その対応で亡くなった方や、急患が出たりしました。急患の搬送について、先島の場合、石垣から与那国間は、自衛隊ではなく海上保安庁が担っています。海上保安庁のヘリが飛んできて搬送するわけですが、尖閣の対応で追われてすぐに来られないということがありました。

結果的には、海上保安庁が何とか搬送してくれて、事なきを得ました。

現在は、医師二名体制に変えることができました。医療は島を維持発展させていく上で、非常に重要ですから、総合病院は難しくても診療所をこれからも存続させていかなければなりません。

――災害対応についてはいかがでしょうか。

糸数　まず何より「自衛隊が駐屯している」というだけでも、島民にとっては大変な安心感があります。

先日も島の水道管が破裂する事故がありました。老朽化によって漏水してしまい、どうにもならないということで自衛隊に給水支援を要請しました。

手続き的な課題はありますが、自衛隊の皆さんと日頃から協力体制を築けているのは有難いことです。

（筆者註：与那国町からの給水支援要請は、いくら近傍に所在するとはいえ、行政手続き上正式には沖縄県知事に対して自衛隊の派遣要請をしなければならない。それが認められれば県知事から沖縄県を担任する十五旅団に対して派遣要請が行われ、十五旅団から命令を受領することで、初めて与那国駐屯地の部隊が災害派遣活動として給水支援を実施できる。そのような中、沖縄県では、断水は一時的なものであり、災害派遣の三要件の一つである緊急性が認められないとして、自衛隊への派遣要請をしなかった。それでも、困っている人々を何とかして助けられないかと考えた当時の鵜川隊長は、自隊の訓練という枠組みで給水訓練を部隊に命令する形で行政上の手続きの停滞をクリアした。この行動に対して一部には正規の手続きを経なかったと喧伝する声もあるが、そのようなリスクを冒してでも島民に寄り添おうとする鵜川隊長の姿勢に感銘を受けたため、ここに付言する）

自衛官が迷彩服姿で堂々と歩ける島

――その他、自衛隊の存在によって、島が変わったと感じられることはありますか。

糸数　実際に自衛隊が島に来ることで、自治会の行事を始め、様々な催事にも積極的に参加してくださり、今や自衛隊なしではイベントが成り立たないような状況も生まれています。

――島の行事「ハーリー」（船を漕ぎ競い合うことで航海の安全や豊漁を祈願する）でも、自衛隊チームが活躍していると伺いました。

糸数　駐屯地司令の立場からすると、町民とどのように協力していくかということに、気を遣われているように思います。

鵜川隊長　基本的には、島の方が主導的に動いておられる、その下支えの一部をするのが我々だと考えております。あくまでも島の方のニーズに基づいて、我々が任務に支障のない範囲で最大限お手伝いする関係性なのであって、我々が変に我を立てて、出しゃばるのはよくない。そこはこれから先、いくら島に入ってくる人数が増えたとしても、バランスを取っていかなければならないだろうと思います。

糸数　私は、必要以上に気を遣う必要はないと思うんだけどなあ。なぜかというと、自衛官に限らず、学校の教員なんかも転勤組でしょう。転勤組の方たちも、島にいる間は「与那国町民」であることに変わりはない。その中で、たとえば足の速い方や何かスポーツができる人材がいれば、当然争奪戦になるわけですから。

――与那国に来て、自衛官の方が迷彩服を着て、島を歩いておられることに驚きました。

糸数　たとえば観光客が来たとして、「与那国の風景は他とは違うな」と感じ、「国境の島」であることを感じていただけるかもしれません。そのことがひいては、日本全体の国防への意識付けにも繋がることと思います。

離島防衛の意志を示すことの重要性

——与那国にお住まいになる中で、中国の影響を具体的に感じることはおありでしょうか。

糸数　尖閣漁船衝突事件（二〇一〇年）が起きるよりも前ですが、中国の調査船が与那国島の目と鼻の先まで来ているのを陸から目撃したことがあります。

また、尖閣諸島周辺海域での中国海警の活動は、どんどんエスカレートして今日に至っています。

かつて一九九六年、李登輝総統の時代に中国が台湾海峡にミサイルを撃ち、アメリカの第七艦隊が出動したことがありました。この時、島の漁民は漁に出ることができませんでした。

最近では二〇二二年に、アメリカのペロシ下院議長が台湾を訪問した時に、中国は台湾を取り囲むような形でミサイルを撃ちました。九発もミサイルを撃ち、うち五発を日本のＥＥＺ内に落下させることで、台湾・尖閣に対し、明確な意志を持って威嚇してきました。

これに対して、日本政府と外務省は、遺憾を表明するだけではなく、もっときつく抗議すべきだったと思います。毎回思うことですが、日本は中国に対してあまりにも遠慮しすぎです。

台湾から一番近い与那国島という地理的条件を考えると、島を完璧に守るという国家としての意志を示してもらいたいのです。もちろん、自衛隊を与那国島に置くことで、十分ではないにしても最低限の部隊配備ができたことは、中国に対して、「日本は与那国をきちんと守る意志がありますよ」ということは、見せられたと思います。

国としての矜持《きょうじ》を示した一番いい例が、ベトナムじゃないでしょうか。アメリカが負けてベトナムから引いた途端に、中国はベトナムに攻め入りました。ところが、弱小国だったはずのベトナムが徹底抗戦したところ、中国はベトナムに勝つことができなかった。一方、チベットやモンゴル、ウイグルは、簡単に併合されてしまいました。

台湾をめぐって、これから一番怖いのは、武力行使よりも、内部から崩壊することです。また、日本企業もたとえばトヨタは中国に進出していますが、いざ有事が起きた時には、稼いだ金は没収され、従業員の命も危険に晒《さら》されます。経済より安全保障を重視すべきだと思います。

台湾との間に、一大経済圏をつくっていきたい。安全保障は人的物的交流が盛んに行われて、「紛争を起こそうとするものなら、大やけどする。それよりはお互いの繁栄を求めた方が良い」という環境をつくることが理想です。

与那国は台湾の花蓮市と姉妹都市提携を結んでいます。既に四十二年になります。ただ花蓮市は国民党が多数を占めており、中国政府とは非常に深い関係にある可能性が高い。どう付き合っていくのかは慎重に見極めなければなりませんが、何としても有事を避けなければなりません。

――安保三文書が策定され、防衛予算が五年間で四十三兆円に増額されました。その影響はお感じになられますか。

糸数　今のところはまだ感じていません。ただ、私はこの四十三兆円の争奪戦が既に始まっているとは思います。私自身は、与那国空港の延長、新しい港湾建設に使うべきだと主張しています。

国境の島・与那国を守るために、国家総力で取り組んでいただかないと困ります。

与那国の駐屯地は、まだできたばかりなので新しいですが、全国の基地、駐屯地はどこもボロボロです。自衛官の官舎もよくここで我慢いただいているな、と思います。こういう現実を広く国民にわかってほしい。五年間で四十三兆円というと、とんでもない金額に見えるかもしれませんが、中国は一年間で三十兆円の予算規模なのですから、まだまだ足りません。この状況で、「専守防衛」といってもとても無理です。

天皇皇后両陛下の与那国島行幸啓

――天皇皇后両陛下（現在の上皇上皇后両陛下）の与那国への行幸啓についての思いをお聞かせください。

糸数　自衛隊誘致と並行して両陛下に是非与那国へ行幸啓して頂きたいと思い、活動を始めました。まず駐屯地実現を目指し、その目途がついたので行幸啓実現を目指す活動を始めたのです。これはもう保守も革新も関係ありませんでした。天皇陛下を拝みたいという一心で、島中がまぎれもなく、鳥肌が立つぐらい一つになったと感じました。

――島を歩いていると、居酒屋や民宿に平成三十年三月二十八日の行幸啓の際の新聞記事が額に入れられて飾られていたりして、島民の皆さんの喜びがひしひしと伝わってきます。

糸数　日本という国は、皇室を敬ってきたからこそ、今日まで続いていると思います。

西崎《いりざき》というところに、行幸啓記念碑が建てられましたが、高台に持って行きたいと思っています。上から見下ろすものではなく、私たちが仰ぎ見るべきですから。

具体的には、「最西端の碑」がある反対側の、皇居を遥拝できる位置に台座を設置したい。私の任期中に、これだけは成し遂げなければならないと思っています。そして、今上陛下にも是非与那国にお越しいただきたいです。

「与那国に住むことがステータス」と言われる島づくりを

――国境の島の町長として、日本国民の皆さんにどのようなことを訴えたいですか。

糸数　この国を背負って立つ子供たちが誇りを持って生きていけるような国を、この島から始めたいという気持ちがあります。

国が衰退していく一番の原因は、「この国の先輩たちは悪いことをした」と、自分達の祖先に対して、誇りを持てなくなることです。先の大戦に一度負けただけで打ちのめされ、GHQの亡霊にがんじがらめになっていては困ると思うのです。

そして、これからの時代を前向きに生きていけるような発想の転換をしていくためにも、国防が重要です。

――与那国島の魅力を教えてください。

糸数　沖縄本島、石垣や宮古もそうですが、手つかずの自然がまだまだ残っています。この島はかなりポツンと離れていて、他の島に渡るのが命懸けで、港で一生の別れを告げる歌が残っているくらい、過酷な時代もありました。

それが今では、飛行機や船で、ある程度自由に行き来できるようになりましたが、これからもしっかり自然を守りながら、同時に開発も進めていく。自然と開発のさじ加減が大事で、ホテル誘致にしろ、何をするにしろ、開発のあり方に気をつけていかないといけないと思います。しっかり脇を締めてかかる必要があります。

――将来どんな与那国島にしたいですか。

糸数　一言でいえば、「与那国に住むことがステータス」という島にしたいです。

この島にいながらにして、フレンチもイタリアンも本格的な中華も食べられる。あるいは心も癒される。また、自然と調和のとれた島、文化的な発信のできる島にしたい。

現在、光ファイバーは島の西半分にしか通っていないので、少なくとも道路沿いには電気、水道、光ファイバーはしっかり通っている状態にすることによって、ビジネスチャンスを見出した人たちが活動しやすいようにしたい。時代は変わり、この島にいながら本土の仕事をすることもできます。現に私の娘もパソコン一つで飯食っていますから。

学校現場でも、子供たちが一人ずつタブレット端末をもってリモート学習することもできる時代になりました。最近では、現役の東大生が学習塾の講師として教えてくれるなど、新しい取り組みも始まっています。

――また行きたいと思える島、出たくないと思える島にしたいというフレーズは素敵だと思いました。

糸数　これまで、島の子供たちには、「帰ってこい」ということばかり言ってきました。しかしこれからは、自衛隊の皆さんがそうであるように、「赴任してよかった」「子育てがしやすい」「安心できる」と思ってもらえる島にしていきたいと思います。

またたとえば、島の方と赴任されてきた独身自衛官たちの交友関係ができたり、何年か後には血の繋がりもできるかもしれない。そして退官された第二の人生を与那国で暮らす人もいるかもしれない。

そのためには、生活に困らないようなインフラ整備をしっかり行わなければなりません。いずれは島出身の若い人たちが、自衛官を志して、防衛大に進学するようなこともあるかもしれない。夢は尽きません。

今、与那国の町民平均所得は、沖縄県内で二位になりました。自衛隊駐屯地開設前は二十位だったわけですから、経済効果がいかに大きかったかということがわかります。しかし、これは自衛隊様々でもあるため、農業や漁業などの第一産業に従事する方の所得をどう底上げしていくかが課題です。島民の皆さんの所得を上げて、公務員、サラリーマンの所得に負けないように底上げしていくために、政府の強固なサポートもいただきながら、島全体を発展させていきたいと考えています。

【令和六年七月十三日インタビュー】

第３章

島民に寄り添い、島を守り抜く自衛官の覚悟

与那国沿岸監視隊長兼駐屯地司令　鵜川　優一郎

安全保障環境が厳しさを増す中で、与那国に自衛隊駐屯地があることの意義

――日本の安全保障上、与那国島に自衛隊駐屯地が開設されたことの意義をどのようにお感じになっていらっしゃいますか。

鵜川　南西先島の空白を埋めるべく、駐屯地が開設されたのは平成二十八年のことです。与那国に駐屯地ができることによって、我が国のみならず、周辺地域の平和と安定に寄与していることに、国際安全保障上、極めて大きな価値があると思っています。現在、防衛省・自衛隊として、南西地域における防衛体制の強化を進め、抑止力を高めることにより、戦争を起こさせない態勢を築いているところですが、与那国はその先駆けと言えます。また、沿岸監視隊は二十四時間三百六十五日、周辺の海空域を警戒監視することを通じて、平和を守る戦いを行い、隙のない態勢をつくっているといえます。

陸上自衛隊の駐屯地でありますから、私も陸上自衛隊の迷彩服を着ていますが、これこそが統

合運用のあるべき姿ではないかというくらい、海上自衛隊・航空自衛隊と密に連携をとって任務にあたっています。細部はお話しできませんが、極めて保全度が高い情報を、一部のクリアランスを有する者同士が、特定の器材等を通じてやりとりを行います。

そうした意味でも、我々の任務には大きな意義があると感じています。

――与那国島を取り巻く安全保障環境の実情を教えていただけますか。

鵜川優一郎・与那国沿岸監視隊長兼駐屯地司令

鵜川　私共に問われているのは、いかに島の方に安心・安全を付与できるのかということです。

糸数町長は、島内人口を二千名に増やしていきたい、あるいは地域経済の活性化を図る意味で、観光客をもっと誘致したいというお気持ちがあられますが、一方で、実際には与那国はもとより周辺の安全保障環境は間違いなく厳しさを増しています。私が与那国に勤務している二年半ほどの短い期間ですら、情勢が刻々と変わってきていることを実感します。

しかし、そうした現実をダイレクトに伝えるわけにはいきませんので、「我々自衛隊が駐屯し、平和を維持する戦いを日々行っているので、安心して暮らしてください」と島民の方には申し上げているのが実情です。

――情勢が厳しくなる中で、与那国に駐屯する自衛隊部隊の規模をより大きくしてほしいというお気持ちもありますか。

鵜川　仮に、「武力攻撃予測事態」以上の局面になれば、日本全国から部隊が展開してくることになりますが、本来は、そうした部隊が常駐しているくらいが望ましいとは思います。また、経済効果という面でも、あるいはこの島を地元の方々と自衛隊が一丸となって守っていくという意味においても、島を守るための人員は当然多い方が良いです。

北方領土や竹島、あるいは今の南シナ海を見れば一目瞭然ですが、力の空白が生まれれば、そこに隙が生まれて付け込まれてしまうわけですから。

——与那国島で支えられる自衛隊のキャパシティにも限界があると思いますが、どのような想定をなさっていますか。

鵜川　人を増やすにしても、一挙に入って来ると、そもそも島では対応できないので、情勢が悪化してから全国の応援部隊に来てもらうというよりは、むしろ平素から常駐しておけば、それに見合っただけの兵站《へいたん》や通信を備えられると思います。

また、それが結果的に地域の活性化、島の経済的な発展に繋がることが望ましい。離島というのは、輸送や通信が極めて脆弱です。「ウクライナモデル」（定義はありませんが、同盟国や同志国等から経済・外交上の支援に加え、武器・弾薬、情報、通信等に係る各種支援を継続的に受けられることを意味しています。この際、ウクライナが陸続きである隣国を通じて支援が成り立っている点が大きいと思われますが、与那国は絶海の孤島であるが故に、有事に際しては輸送や通信に大きな制約を受けることになるものと考えられます）とよく言われますが、周辺国から十分な支援を得られる環境にない中で、仮に一千名が展開してくるにしても、どれだけの時間がかかるのかということが課題です。

この辺りは、海も荒れることが多く、台風が来れば、もう目も当てられません。つまり、気象条件に伴ういわゆる「戦場の摩擦」（註：クラウゼヴィッツ『戦争論』では、計画の遂行や目標の達成への障害や脅威を「戦場の摩擦」と表現している）が起きて、計画が破綻してしまいがちであることを考えるならば、平時の段階から強い体制をしっかりと整えておくに越したことはないと思います。

とはいえ、自衛隊全体の限られた人員をどこに配置するのか、というのは全体のバランスで決められているため、現実的に今すぐそれができるのかというのは別問題です。それでも、今日の情勢を考えれば、もう少し先島に勢力を集中させてほしいと思いますし、現に今、南西諸島防衛を担う陸上自衛隊第十五旅団を師団に格上げする方向で、防衛力整備に係る検討がなされているのは、そういう意味合いがあってのことだと認識しています。

自衛隊員と島民との信頼関係を築くために心がけていること

——駐屯地開設から八年経ち、島民と自衛隊との関係はどのように変わってきているとお感じになっていますか。

鵜川　私は与那国にはまだ二年半しかいませんので、駐屯地開設以前のことは諸先輩方や島の方から伺った範囲でしか認識していませんが、地元の方々の自衛隊への理解が深まり、隊員と島民との関係が身近になってきているのは間違いないことだと感じています。

駐屯地開設前の平成二十七年、いわゆる住民投票が行われ、賛成六三二票、反対四四五票、わずか一八〇票差の賛成多数で可決されました。一八〇票差というのは、この島の尺度では圧倒的勝利と言えますが、そうは言っても四割の方は反対だったわけです。

ところが、開設から九年目に入った今、明確に自衛隊反対を主張する人はほぼいなくなりました。

島には、「俺は駐屯地開設前は大反対したんだ」ということを告白してくださる方がたくさんいます。しかし、その方々はこうも続けてくださいます。

「でも、今は違うんだよ。今はもう本当にあなたたちには感謝しかない。この島が成り立っているのは自衛隊のおかげだよ」と。

島民の方々にも本音と建前があるとは思いますが、お酒を飲んだ時に、本音でそう言ってくださるのは有難い限りです。これまで、コロナ禍で島民の方との交流が疎遠になった時期もありましたが、今本当に自衛隊と島民は近しい関係を築けていると感じています。

——鵜川さんご一家が与那国島に引っ越してこられた時のエピソードをお聞かせいただいてもよろしいでしょうか。

鵜川　私がこちらに赴任する際、荷物が届くのに二週間近くかかるということで、民宿に泊まらせていただきました。行動計画を書き、「この宿に泊まります」と前任者に連絡したところ、すぐ電話がかかってきて、「別の宿を勧めます」と言われました。というのも、その宿の方がかつて自衛隊誘致に反対されている方だったのです。しかし、結局妻に押し切られる形でその宿に宿泊することにしたところ、結果的にそこで色々な話を聞くことができました。

まず、宿の方は、「私は駐屯地開設に反対していたのよ」と仰いました。実際、当時のニュースなどを見ますと、その方が町長に様々な質問をしているのがすぐ確認できます。その方は、自衛隊が来ることによって、与那国の美しい自然、文化が汚されてしまうことが怖かったのだと仰いました。

しかし、実際に駐屯地が開設され、隊員、隊員家族も島にやって来る中で考え方を改められたようで、「これからは島の将来のために、より良い関係をつくって、頑張っていきましょう」という前向きな話をしていただきました。こういう話を赴任直後にできたことは本当に良かったと思っています。

我々は先ほど申し上げた警戒監視任務を、二十四時間シフトを組んで、休みなく行っています。こうした国境離島の防人としての役割を果たす一方、先島諸島に足を踏み入れた最初の陸自隊員として、島民の方と良好な環境をつくっていきたいと思っています。

今後、北大東島に航空自衛隊が配置される計画があります。そうした新しくできる駐屯地や分屯地等の手本になれるよう、地元の方との関係をこれまで以上に良いものにしていかなければいけないと思っています。

——自衛官が「ハーリー」など地元のお祭りに参画することもあるそうですね。ほかに、公民館などを主体にした草刈りに協力することもあるとか。

鵜川　こちらに与那国町のカレンダーがあります。教育委員会の方がつくったもので、毎月実施される催事の写真を掲載していますが、たとえば七月十五日、十六日、二十八日にはそれぞれ豊年祭が行われます。

五穀豊穣を祈願する豊年祭（ウガンフトゥティ）の写真と日程が掲載されたカレンダー（出典：与那国町 HP）

豊年祭では、一年の五穀豊穣を祈願します。お祭りといっても、それぞれの集落で祈願が粛々と行われるような形です。今日も久部良の豊年祭の準備のために、隊員たちが草刈りをしています。島には若い人が少なく、マンパワーが圧倒的に不足しています。奉納舞踊など、あくまで島の方が主体とはいえ、若手の少ない集落、公民館では、我々自衛官も参加することで、島の文化の存続発展に少なからず寄与できている部分もあると思っています。

——それらの催事の練習にも時間をとられたりすると思いますが、部隊としては「積極的に行ってこい」という感じなのでしょうか。

鵜川　さすがに「行ってこい」とは言わないですが、こうした地域行事は、ある意味では、任務以上に重要なものだと隊員達に口酸っぱく言っています。

西部方面総監が私の直属の上司に当たりますが、西部方面としても、地域連携、地域の理解を獲得することは、任務だという指針を示されています。私としても、この沖縄県先島諸島という特性への理解も含め、地元の理解を獲得することは非常に重要だと考えています。

――鵜川さんご自身は、この二年半でどういった地域の行事に参加してこられましたか。

鵜川　私自身は祖納《そない》の東一組というところに所属していますが、そこでの活動に限らず、立場上、各集落で行われる催事には極力参加するようにしています。

たとえば道路の草刈り、ハーリー、豊年祭、あるいは「マチリ」と呼ばれる与那国特有の祭祀などです。

町民総出でつくる大綱

東一組では二年に一回、大綱引きという沖縄特有の豊年祭の行事があります。綱引きは藁《わら》集めから始め、最終的に長さ百メートル以上の太く、大きな大綱をつくっていきます。そして、その綱を使って、祖納の役場前の通りで綱引きを行います。二年に一回の行事ではありますが、コロナや台風の影響もあって、昨年六年ぶりに開催することができました。実は、駐屯地開設以来まだ二回しか開催できていません。

明後日も比川《ひがわ》自治公民館の豊年祭に参加予定です。比川は最も小さい集落です。そんな中、若手が少なく、豊年祭の準備や奉納舞踊などの担い手として、隊員やその家族が参加して下支えしている現状があります。自衛隊に対して様々な意見や考え方がある中、島の一員であり地域の一員として、目に見える活動のみならず、見えない部分での活動が、結果的に自衛隊に対する地域の方々からのご理解の獲得・促進に大きく寄与しています。

今後も南西地域の防衛態勢・体制強化が進む上で、我々は他の模範であり「モデル駐屯地」であり続けるという役割を担っており、これを着実に果たして参りたいと思います。

先駆者としての誇りと島民との一体感を隊歌に込める

――「与那国駐屯地隊歌」を皆さんでつくられたそうですね。

鵜川　一昨年から作成を開始し、推敲を重ね、昨年完成しました。石垣や宮古島駐屯地の場合は開設時には既に隊歌が出来上がっていましたが、南西地域における部隊配置の先駆けとなった与那国は歌どころではなかったため、全くその余裕がなかったものと推察します。

最先任上級曹長が中心となって、駐屯地隊員の意見を取り入れながら、歴代駐屯地司令や最先任上級曹長、歴代西部方面総監（ＯＢの番匠幸一郎氏、山根寿一・現陸上総隊司令官）、町長、各町議会議員、各公民館長及び協力団体のご意見を踏まえ、完成させました。

当初、部隊の特性から「八咫烏《やたがらす》」という言葉を入れていたのですが、より与那国らしい表現

「与那国駐屯地隊歌」
詩：与那国駐屯地
曲：第十五音楽隊
一　南西先島　黒潮の
千古（いにしえ）伝ふる　与那国に
雄々しき健児　先駆けて
十三御嶽（うがん）守らんと
宇良部の霊峰　意気高し
お～　与那国駐屯地
二　黎明（よあけ）に誓う　東崎（あがりざき）
百合咲き誇り　堂々と
魂眠る　ティンダバナ
どぅなんの風（かでぃ）を　背に受けて
励む防人　礎に
お～　与那国駐屯地
三　茜さしたる西崎（いりざき）に
国境（はて）の護りは　任せろと
先人の想い　胸に秘め
流れ繋げと　大海に
櫂（えーく）握る手　離すまじ
お～　与那国駐屯地
四　南夜空（みなみよぞら）に十字星
輝く星は　粛々と
田原（たばる）流れし　波多浜
任重くして　道遠し
国安かれと　本（もと）務む
お～　与那国駐屯地

にするために別の言葉と意味に置き換えたり、歌詞が元々は三番までだったところ、途中で四番を作成・追加したりと、色々な経緯がありました。二番に出てくる「百合」とは、与那国の町花となっている鉄砲百合のことで、与那国駐屯地の部隊章でも伝説の女傑サンアイ・イソバが髪に差しています。内地のソメイヨシノの如く、別れと出会いの時期である三～四月頃に海沿いを中心に咲き誇ります。

お陰様で、様々な想いを込めた隊歌の歌詞について、「良くできている」と島の諸先輩方からも好評です。

駐屯地開設の草分けとなった先人達の労苦を思う

――これまで、どのような思いで隊長を務めてこられたのか、与那国島民以外の国民に知ってもらいたいことがあればお聞かせください。

鵜川　我々は、日本最西端の与那国で粛々と、現代の防人としての役割を果たしている、ということに尽きます。平成二十八年三月に駐屯地が開設されますが、その二年前の二十六年四月、沖縄地方協力本部の石垣出張所所属の自衛官が、与那国に事務所を構えて活動を開始したのが、今日に至る出発点になっています。

当時の方が、地元に自衛官という存在がどういうものなのかを理解していただくために始めたのが、清掃活動だったそうです。事務所の前の通りを毎朝六時になると掃き掃除を始めて、石を取り除いて、草をむしって……。そうしたら活動を見ていた島の方が、「あれは誰なんだろう」「実は自衛官らしいよ」となって噂が広まっていった。

その方は粟盛《あわもり》雅敏さんという石垣出身の方でした。石垣と与那国は同じ八重山文化圏に属しています。その方も小さい時から、お父さんの農作業を手伝ったり、石垣の舞踊をやっていたりしたこともあり、与那国でも様々な行事に参加し、宴会が終わった後の女性陣の片付けの手伝いまでされていました。

こういう姿を見ていた地元の人は、次第に自衛官は信頼の置ける存在だと認識するようになりました。

そのことが、翌年の住民投票、あるいはその二年後の駐屯地開設に大きく寄与しています。

残念ながら、粟盛さんは令和三年十一月、心筋梗塞でお亡くなりになりました。私は、粟盛さんが亡くなられた翌月十二月一日に与那国に赴任してきましたので、直接お目に掛かることはありませんでしたが、今でも島の方から「粟盛はすごかった」という声をよく聞きます。粟盛さんが清掃活動を行っていた道路に「粟盛ロード」なんて名前がつけられるくらい地元の方から慕われていました。粟盛さんは生前、「自衛隊誘致が始まったのは運命だ。私は地域と自衛隊とのパイプ役になりたい」と話しておられたそうです。そして、まさにそうなられたわけですから、その貢献度たるや絶大でした。

粟盛さんは代表的な方ではありますが、こうした礎を築いてくださった先輩が他にもたくさんいらっしゃいます。駐屯地開設前年、二十名の先遣隊が大きな台風被害の復旧活動に尽力しました。こうした地元のための活動が私共の作戦基盤になり、お陰様で平素の警戒監視任務に専心できていることを強く感じています。

諸先輩方の思いや、これまで築いてこられたものをいかに受け継いでいくかということが大切です。

これから先、五十年、六十年と経っていく中で、次第に設立時のことが忘れられていくこともあるかもしれません。

歴史を遡れば、昭和四十七年十月六日に臨時第一混成群という部隊が北熊本から那覇に移駐しました。この時の初代群長が桑江良逢《りょうほう》さんという方でした。

当時、八千名のデモ隊に囲まれて、自衛官は住民登録もさせてもらえない、官舎のゴミも回収されないというような状況でした。一般のアパートに住むわけですが、それですら入らせてもらえない、締め出されるという活動が行われていたような時代から、自衛隊と沖縄県の歴史は始まっているわけです。

そのような歴史に思いを致すと、改めて先輩方に恥じないような活動をしなければならないと襟を正されます。五十年以上かけて、沖縄県における自衛隊の存在意義を高め、理解を獲得してこられた先輩方に恥じないようにしたい。自衛隊誘致にあたっても、現町長を初めとした誘致に尽力された方、またそれを受け入れてくださった地元の方々の思いに応えられるよう、務めを果たさなければならないと強く思っています。

駐屯地開設後も一部の島民から卵を投げつけられたり、つばを吐きかけられたりなんてことも一時期はありました。しかし、それも今はなくなりました。

――先人たちの礎があって今の与那国の自衛隊があること、そして単に礎の上に乗っかっているわけではなく、さらに信頼関係が深まるようなご尽力をたくさんしてこられていることが伝わり、大変感銘を受けました。

鵜川　「サラミスライス」という言葉がありますが、与那国から、石垣、宮古というように離島駐屯地の見本になれるように努めていきたいと思います。

与那国島が抱える課題

――実際に与那国で生活する中で、島のインフラ面などで課題を感じる部分はありますか。

鵜川　まず、電気・ガス・水道について言えば、それらが通っているのは、集落の中心部だけです。つまり、祖納《そない》、比川《ひがわ》、久部良《くぶら》の三つの集落だけで、それらの地域の家が建っているところから少し外れると、全く手つかずの地域が多くあります。したがって、今後もし人口が増えるとしても、それらのインフラを拡張・整備することが必要不可欠です。

それにそもそも、住む場所自体が足りていない、という実情もあります。自衛隊に与那国町役場から、「役場の新規採用職員や学校の先生の住む場所がない。自衛隊宿舎の部屋を分けてもらえませんか」と電話がかかってきたことがあります。自衛隊宿舎は国設で、自衛官および帯同家族が住むことを目的としているため、一般の方にお貸しすることはできませんが、このことからもそれだけ住む場所が島の中にないということがわかります。

また島には、幼稚園や保育園は一応ありますが、子供の数に対して保育士が足りていないという問題があります。

また、一番脆弱なのは医療かもしれません。与那国島は離島における過酷な医療状況を描いた某人気ドラマが撮影された場所としても有名ですが、実際に島には診療所が一つあるだけで、病院はありません。診療所では常勤の医師が一人で島民の診察を行っており、大変な負担になっていました。町からの大きな期待を受け、現在、駐屯地の医務官および放射線陸曹を診療所に派遣し、医療支援を実施しています。手術が必要な場合は、石垣や宮古まで行かなくてはなりませんが、フェリーは波が高ければ止まりますし、台風が来れば飛行機も欠航し、一週間、島から出られないこともあります。緊急時には、海保のドクターヘリに頼らざるを得ません。

島には宿泊場所も不足しています。空港近くにあったアイランドホテルが、コロナの影響を受けて令和三年四月から休業中ということもあり、民宿を予約できずに石垣や那覇に日帰りする人も多いです。

――住居を建設するにしても、それにかかるコストと家賃収入が釣り合わないという問題もあるのではないでしょうか。輸送コストを下げるために、港湾を整備し、海路をしっかり開くことが重要かと思いますが、その点はいかがでしょうか。

鵜川　特定利用空港・港湾は、沖縄では那覇と石垣の二箇所だけです。町長はカタブル浜に大きな港をつくりたいということで、あちこちの議員の先生方に陳情のため行脚されています。島内では、環境破壊等の理由で反対意見もありましたが、去る六月議会で与那国町として意思決定・決議して取り組んでいこうという方向性になっています。

中ＳＡＭ（註：中距離地対空誘導弾。陸上自衛隊が運用する準国産の中距離防空用地対空ミサイル・システム）の将来的な配備との兼ね合いで、「この港が結局は自衛隊や米軍のための港になるんじゃないか」と危惧する立場の方もいらっしゃいます。しかし、これは防衛とは別次元のものとして考えなくてはならないと思います。町民の一人として申し上げますと、港湾をつくることによって、これから百年先のこの島の未来に向けた大きな基盤になると思います。

与那国が国境の島であることや、台湾との交易などを考えてみた場合に、与那国に大きな港をつくることの価値は計り知れません。

――今回、陸上幕僚監部へ異動されるにあたって、五人の子供と奥さんを与那国に残していこうと思われた理由を教えてください。

鵜川　まず、与那国島というところは、子育てをするのにとても良い環境だというのが一つの理由です。妻もすっかり島に慣れ親しんでいます。

たとえば、目を離して子供をほったらかしにしておいても、気付いたら誰かが子供を見てくれるような安心感がこの島にはあります。島民みんなで子供たちを大事に育てようという昔からの風土があり、有難いことだと思っています。

この島に残ることが、妻にとっても、子供たちにとっても良いことであると同時に、それが子供の数が少ない島にとってもプラスになると思っています。島には中学校が二つ、小学校が三つありますが、いずれも複式学級（二つ以上の学年をひとまとめにした学級）が増えてきています。私が与那国駐屯地に新たな隊員を迎える際には、子供の学年を聞き、どこの学校の校区に居住すべきか小学校で不足している学年と照らし合わせて調整しています。

島から出ていくことが決まり、よく「鵜川さん、あと何カ月いるんですか」と聞かれたりしますが、「大丈夫ですよ。子供は置いていきますので」と答えています。

――鵜川さんの姿勢は、島の人にとってもインパクトがあるし、なかなかできないことですね。

鵜川　島全体で教育、文化を維持していくために、みんなで助け合っていくことが大切だと思います。私の知り合いの同年代の警察官にも、任期延長で島に残ることを希望された方がいて、その方は六人のお子さんを育てておられます。

「そんなに子供を育てやすい環境があるんだったら、僕も行ってみたい」と思ってくれる自衛官がひょっとしたら続いてくれるかもしれないという期待も持っています。
いつの日か、この島出身の自衛官が駐屯地司令になることを夢見ています。

【令和六年七月十三日インタビュー】

第4章

与那国を巡る——島の自然と史跡

葛城 奈海

ティンダバナ、讃・與那國島

令和六年七月十二日、早朝六時四十五分に羽田を発ち、じりじりと肌を焼く陽射しのもと石垣空港で小さなプロペラ機に乗り換えて、いざ与那国へ。紺碧《こんぺき》の海の中にいつしか現れた、エメラルドグリーンの珊瑚礁に囲まれた島に心が躍る。同行者五名と共に、むわっとした熱気に包まれた与那国空港に降り立ったのは午前十時三十分であった。あれだけ遠いと思っていた与那国にも、その気になれば羽田から四時間ほどで着いてしまった。

……というと恙《つつが》なく到着したように誤解を与えると思うので白状すると、実は私、ひとつミスをした。決して安くはない航空券代を少しでも節約しようと思い、羽田—石垣間、石垣—与那国島間の航空券を「通し」ではなく別々に購入したことを忘れ、羽田で荷物を預けてしまったのだ。手荷物検査後に気付き、羽田で搭乗する際に航空会社の職員にその旨伝えたものの、石垣でのトランジットに荷物は間に合わず、預けた荷物のみ与那国には一本遅い便で到着することになっ

与那国島　島内マップ（出典：与那国町 HP）

た。

結果として、ドライバー役の隊員さんに取りに行っていただくというご迷惑をかけてしまった。読者の皆さんが同様の過ちを犯さないように恥を忍んでお伝えしておく。

感慨に浸る間もなく、出迎えてくださった与那国駐屯地司令（当時）の鵜川優一郎一等陸佐をはじめとする皆さんにご挨拶。四名の自衛官が揃って迷彩服で出迎えてくださったことが新鮮だ。車二台に分乗して出発。

最初にご案内いただいたのが、標高百メートルの切り立った崖にできた自然の展望台、ティンダバナだった。車を降り、サトイモを巨大化させたような葉と茎が存在感を放つクワズイモなど、南国の植物に囲まれた遊歩道をしばらく進む。洞窟状の岩陰から豊かな湧水が流れ出している場所もあり、「立てこもるには悪くない場所だな」などと思っていると、急に視界が広がり、現れた景色に思わず歓声を上げた。眼下に島の北部、町役場や与那国中学校などがある祖納の集落とナンタ浜が広がっている。東は緑なす宇良部岳《うらぶだけ》、西は紺碧の東シナ海へと繋がる雄大な景色だ。

振り返ると洞窟上の岸壁に掲げられた石板に、八重山が生んだ詩人・伊波南哲《いばなんてつ》の詩が刻まれていた。

讃・與那國島

伊波南哲

荒潮の息吹きに濡れて
千古の伝説をはらみ
美と力を兼ね備へた
南海の防壁與那國島。

行雲流水
己の美と力を信じ
無限の情熱を秘めて
太平洋の怒涛に拮抗する
南海の防壁與那國島。

ティンダバナから祖納の集落とナンタ浜を見渡す

宇良部岳の霊峰
田原川の盡きせぬ流れ
麗しき人情の花を咲かせて
巍然《ぎぜん》とそそりたつ與那國島よ。

おゝ汝は
黙々として
皇國南海の鎮護に挺身する
沈まざる二十五万噸《とん》の航空母艦だ。

紀元二千六百三年三月

赤茶けた文字で刻まれた美しくも力強い言葉に魅せられた。与那国島が日本国にとっていかに要衝であるか、最後の「二十五万噸の航空母艦だ」に込められた万感の思いは、現代の防人として与那国に駐屯する自衛官の思いでもあるように感じられた。

余談だが、この翌日にインタビューした糸数健一町長の名刺の裏には、この詩が印刷されてい

た。糸数町長もまた、自身が首長を務める島の「防壁」としての重要性を痛いほど弁《わきま》え、この詩に共感するところ大なのだろう。

鵜川隊長はまた、伝説の女酋長サンアイ・イソバについても語ってくれた。十六世紀末頃に与那国島に君臨したとされる彼女はティンダハナそばの村で生まれ、この地を根城《ねじろ》にしていた。身長が二メートル四十センチほどもあったと言われ、剛力の持ち主で、弟たちを従え、宮古島からやってきた敵を撃退したという。善政を行い、島人から尊敬されていたサンアイ・イソバは今、与那国駐屯地のシンボルマーク中央にも弓に鏑矢《かぶらや》を番《つが》えた姿で描き込まれている。

西崎《いりざき》・最西端の地

「与那国といえば、この場所」というくらい、よく撮影スポットになっている「日本国　最西端之地　与那国島」の碑。その文言が刻まれている石は台湾

産だという。台となっている石は、与那国産で、そこには「渡海の西崎の　潮はなの清らさ　与那国の美童の　容姿の清らさ」と彫られている。

裏に回ると、「与那国島より主要都市までの距離（単位：km）」が刻まれている。

石垣 ――― 117
那覇 ――― 509
東京 ――― 2112
台湾 ――― 111
香港 ――― 951
ソウル ――― 1500
北京 ――― 1833
マニラ ――― 1124
シンガポール ――― 3278

この位置関係を説明するにあたり、鵜川隊長は「与那国にはコンビニがありません。石垣島と宮古島にはファミマがあります。近い方の石垣でも一一七キロメートル離れています。一番近いコンビニは台湾の花蓮市にあるセブンイレブンです」と冗談めかして距離感を伝えてくれた。好天に恵まれれば台湾の島影と山並みを見渡せる

という。

ちなみに東京までは二千キロメートル。日本の領土の中で東京から最も離れた島である。鵜川隊長は「東京から与那国は、東京から上海までよりも遠いです」と、またしても距離感をわかりやすく表現してくれた。九州南方から与那国島に至る南西諸島だけでも一二〇〇キロメートルある。そこに六百以上の島がある。地図を眺めるにつけ、南西諸島の守りがいかに容易ではないか、さらには「最西端の地　与那国島」がいかに国の際に立つ最前線であるかを実感する。伊波南哲が詩で著した「沈まざる二十五万噸の航空母艦だ」という表現が、圧倒的重みをもって迫ってくる由縁《ゆえん》であろう。

行幸啓記念碑

平成三十年三月二十八日に天皇皇后両陛下（現在の上皇上皇后両陛下）が与那国島を行幸啓された。陛下にとって離島訪問は、皇太子時代を含めて五十四島目であった。かねて与那国島への訪問を強く希望されていたという陛下が、退位の日が近づく中で与那国島を訪問されたことを記念し、令和二年、西崎に行幸啓記念碑が製作された。

最西端之碑へと続く上り坂の途中に置かれている巨大な石碑だが、文字の刻まれた石が草地に直接置かれている。このことを気にかけている糸数町長が、もっと坂の上に移動させ、台となる石の上に石碑を置きたいと考えているのは、インタビューの章でお伝えした通りだ。与那国島を巡っていると、居酒屋の店内はじめ天皇皇后両陛下が行幸啓された時の新聞記事などが貼られているのをちょくちょく目にした。それだけ島民にとって、心の奥深くに刻まれる値千金の一大事だったのであろうと感慨深かった。

日本国最西端に突き出した「トゥイシ」

「大海原に突き出した岩」を意味する「トゥイシ」は、西崎から続く岩礁だ。実は、平成二十八年に自衛隊駐屯地が開設されたことにより、付近の再測量が行われた。その結果、大潮の満潮時でも岩が水面上に出ていることが確認され、平成三十一年、日本国の領土として認められた。つまり、僅かながらも領土が広がり、それに伴って領海も広がったのだ。もともと干潮時には歩いて渡ることができていたが、正式に領土として認められたのは駐屯地ができたことに付随した予期せぬ出来事であったという。

日本最西端の地「トゥイシ」

レンタカーでの島めぐり

「防人と歩む会」から与那国駐屯地に「防人最西端」の書（紅雅書）を寄贈するという公式行事が終了した夜は、久部良にある民宿「はいどなん」まで公用車で送っていただいた。一泊後は島内循環バスで祖納まで行き、そこでレンタカーを借りた。与那国町が運営している生活路線バスは、なんと無料だ。一日八便と本数こそ少ないが、各集落内に指定されたバス停があり、誰でも利用することができる。小ぶりのバスだが乗り心地もよく、冷房の効いた快適な車窓からはゆったりと島内の景色を眺めることができ、タクシーの台数も極めて限られた島内にあって、大変有難い存在であった。

以下、レンタカーで巡った、もしくは宿から徒歩で訪ねた中で印象的だった場所をいくつかご紹介したい。

Dr．コトーロケ地

二〇〇三年からフジテレビ系で放送された吉岡秀隆主演のドラマ『Dr．コトー診療所』のロケ地が与那国であることはよく知られている。ドラマの中心となっていた「志木那島診療所」は、与那国島南部の比川という集落にある。小さな湾になっている白砂とエメラルドグリーンの海が美しい比川浜を前に立つ診療所は、「実際に与那国島の診療所として使われているの？」と思ってしまうほど、「それっぽい」のだが、あくまでオープンセットであって現実の診療所ではない。近くでふと足元のマンホールを見ると、中心近くに「通信」という文字が浮き彫りになっている。見たことがなかったので調べてみると、海底ケーブルの揚陸地点があると判明した。

海底ケーブルは島の通信網の生命線だ。沖縄県の離島地区情報通信基盤整備推進事業により、沖縄本島から多良間島（四〇〇キロ）、多良間島～与那国島～波照間島（二九〇キロ）の先島ルー

Dr. コトー診療所のオープンセット

プ五九〇キロと、沖縄本島（読谷）～粟国～久米島などの久米島ループ一七〇キロで、県は、総延長が約八六〇キロに及ぶ光ケーブル敷設を二〇一六年十月に完了させている。総事業費約九十億円のうち、国の沖縄県振興一括交付金が八割で、二割を県が負担した。光ファイバー網の整備により、Wi-Fi 整備が進み、観光はもちろん防災面での対策や、遠隔医療・教育など住民福祉も充実する。

産業振興や定住条件の整備にも大きく影響するため、海底ではもちろんのこと、揚陸地点でも容易に敵の目に触れないようにしっかり守られるべき重要インフラだ。

日本最後の夕日が見える丘

与那国の日の入りは遅い。七月十三日十九時半、公式行事後も島に残った三人で夕日を眺めに缶ビールを片手に宿を出た。日もだいぶ傾き、じりじりと肌を焼いた昼間の暴力的な日差しは影を潜め、風が心地いい。草地にいくつかの石を並べた「日本最後の夕日が見える丘」に着くと、太陽はまもなく水平線近くの雲の中に沈もうとしている。私達の他にも観光客らしき人たちが十名ほどいた。生憎《あいにく》、雲に阻まれて水平線に沈む夕日は拝めなかったものの、残照を楽しみながら、数分の距離にある「久部良バリ」へと足を延ばした。

「久部良バリ」は、久部良村の北方、海岸の岩場にある全長二十メートル余り、幅三～五メートルの割れ目だ。「バリ」とは割れ目のこと。覗き込んでも底がよくわからなかったが、深さは七～

久部良バリ

八メートルほどあるという。かつて人頭税に苦しんだ島では、苦渋の手段として、「口減らし」のために村々の妊婦を集め、この割れ目を跳ばせた。正直なところ、男性であってもオリンピック選手級のジャンプ力がない限り、安全に飛び越えることは困難であろうというくらいの裂け目だ。身重の妊婦が跳び越えることはまず無理だったろうし、万が一跳び越えられたとしても、体はぼろぼろになり流産は必至だったろう。

当初は琉球王府が、その後は薩摩藩から圧迫を受けた琉球王府が、宮古・八重山地方に課した人頭税に島民は圧迫された。島の負の歴史を象徴する場所だ。付近の海岸一帯は「クブラフリシ」と呼ばれる景勝地でもあるが、そこにぽつんと佇んでいた地蔵菩薩に手を合わせた。

与那国馬、テキサスゲート

島のあちこちで見かけたのが与那国馬だ。東崎《あがりざき》付近の東牧場、自衛隊駐屯地にも近い南牧場などに合計百五十頭ほどいるという。のんびりと草を食《は》んでおり、人を恐れない。与那国駐屯地訪問の際、数十頭の群れに道を塞がれて、車が立ち往生してしまった。車を下りて、声をかけても反応しない。海風に鬣《たてがみ》や尾をなびかせ、表情を変えずに道路上に立ち尽くしている。はじめはおそるおそる、次第にけっこう力をかけて押しても、ほとんど動かない。子馬を連れた母馬も多い。体高は一一五センチメートル、体長は一二〇センチメートル、胸囲は一三〇センチメートル前後と、日本の在来馬の中でも最も小型でポニーに分類される。しかし、蹄《ひづめ》が固く、蹄鉄《ていてつ》を必要としない。剛健で粗食にも耐え、それでいて温厚な性質のため、かつては重い荷物や人を背中に乗せて運んだり、馬車を牽《ひ》いたり、鋤《すき》を引いて畑を耕したりする貴重な家畜であったという。機械化に伴って家畜としての役割は終えたが、今では与那国島の牧歌的な風景の一部となっている。

十分ぐらいかけて、ようやく車一台が通れるだけのスペースを空けてもらい、群の間をそろりそろりと車を進めた。ゆっくりと時間が流れている与那国島を象徴するような一幕であった。後日、与那国駐屯地の公式Xを見ていたら、同様の状況で隊員たちは手を叩いて声を掛けながら優しく馬を移動させていた。今後またもし機会があれば、真似てみたい。

レンタカーを走らせていると、地図には「東牧場」「南牧場」などと書かれているにもかかわらず、不思議なことに「柵」が見当たらない。馬たちは完全に「放し飼い」にされているように見える。しかし、車を走行させると激しくガタガタと大きく振動する、道路に垂直な溝が八本程度設置されている箇所がある。それが「テキサスゲート」だ。「ゲート」とついているが、門や扉は一切なく、蹄のある動物が格子状の構造物の上を歩きたがらない性質を利用した侵入防止装置なのだ。それにしてもこれ、馬がジャンプしたら越えられるのでは？　と思うのだが、ゲートを越えることはないというから摩訶不思議である。

ヨナグニサン、アヤミハビル館

与那国で与那国馬とともに忘れてならないのは、世界最大の蛾「ヨナグニサン」だ。方言名を

「アヤミハビル」（「アヤミ＝模様のある」「ハビル＝蝶」の意）という。与那国空港から車で十五分ほどのアヤミハビル館では、その生態を科学的に解剖するとともに、植物や昆虫の固有種など与那国の自然の魅力を発信している。余談だが、「ヤエヤマサソリ」や「マダラサソリ」の標本も展示されており、日本にもサソリがいたことを初めて知った。

ヨナグニサンはヤママユガ科の仲間で、沖縄では与那国島を中心に石垣島や西表島でも生息しているが、その数は僅かだという。まず驚くのは、なんといってもその大きさだ。羽根を広げると三十センチメートル近くにもなる。ヨナグニサンの仲間はアジアを中心に広く分布しているものの、大きさばかりでなく赤レンガ色を基調とした色彩も与那国のものが秀でているという（我々が訪問してほどない、七月二十日に中国南部の広西チワン族自治区の自然保護区でヨナグニサンが発見されたとの報が流れた）。

幼虫でも終齢になる体長は十センチメートルを超える。訪問時には、アヤミハビル館内に生きた蛹《さなぎ》が展示されていた。「成虫が出てきたら、係に教えてください」と添え書きされているところが微笑ましい。与那国の豊かな自然を象徴するヨナグニサン。いつか実際に飛んでいる姿をこの目で見てみたい。

立神岩

立神岩、サンニヌ台展望台・軍艦岩、難破船

島の東側には浸食されて切り立った岩肌が続く。人家はもちろん人工物がほとんどなく、携帯電話の電波も通らない。海沿いの一本道を南から北へと進むと、海中から屹立《きつりつ》する「立神岩」、軍艦というよりは潜水艦のような「軍艦岩」など見ごたえのある景勝地が次々と現れる。約一・三キロメートルにわたり断崖と階段状の地層が連なる一帯はサンニヌ台と呼ばれ、令和六年二月に国の天然記念物および名勝に指定された。大物釣りが楽しめる釣り場としても人気が高い。

風光明媚な一方で、海岸近くの崖の上などに転落防止のために設置されたのであろう鉄柵は、その多くが錆びて崩れ、見るも無残な姿になっていた。穏やかな日は良いが、ただでさえ潮風による風化が進むことに加えて、台風が来た日には風を遮《さえぎ》るものがほぼ存在していない島にあって容赦なく風を受けることになる。

同様に、東崎北側の珊瑚礁の上には座礁した船が傾いていた。ひとたび自然の猛威に曝《さら》された際の島の環境の過酷さを垣間見た気がした。

軍艦岩

ボロボロの鉄柵

座礁して傾いた船

ナンタ浜、ダンヌ浜、ナーマ浜、四畳半ビーチ、ダイビング

与那国には、大小様々な浜がある。せっかく与那国に来たからには海を体感したいと思い、時間の許す限り、いくつもの浜に立ち寄った。その中の三カ所、島の北側、祖納集落にあるナンタ浜、西側、「月桃の里」近くにあるダンヌ浜、宿泊していた久部良集落にあるナーマ浜では、実際に海に入ってみた。いずれの浜でも、泳げばすぐ魚の姿を見ることができた。ナーマ浜では、階段状のコンクリートの護岸の海中（足が着く浅さ）で地元の小学生たちが網で魚を採っていた。岸辺の岩礁からすぐ珊瑚礁の海になるダンヌ浜は魚影が濃く、いきなり様々な熱帯魚が現れて心が躍った。浅瀬であることに加えてやや波があったため、珊瑚を傷つけないように、また自分の体を岩で傷つけないように気を付けながらも、シュノーケリングだけで充分に南国の海を満喫できた。

さはさりながら、ライセンスを持っている身としては、やはりここまで来たからにはダイビングもしたい。かつて尖閣諸島海域に向かうために、たびたび南西諸島を訪れていた私は、石垣島でダイビングの免許を取得した。尖閣海域には十五回訪れたが、十年前を最後に「尖閣に向かう」と言った瞬間、国は石垣島からの出港さえ認めてくれなくなった。以来、私の足もダイビングから遠のき、最後に潜ったのは九年前だ。もともと経験が浅かった上に、このブランクはきつい。「不安の塊」の状態で潜るのは危険と判断し、東京で「ブランクダイバー」向けのプールでの講習を

一度受けてから与那国に向かった。

与那国と言えば「海底遺跡」が有名だ。私も興味津々だったが、夏場は南風が強い。「海底遺跡」は島の南側にあることから、ダイビングショップが選んだのは島の北側のポイントだった。二本潜らせてもらったが、一本目はブランク期間の長かった私がいることも考慮して比較的浅めの「空港北」（最大深度十五メートル）、二本目は「馬鼻ハナレイワ」（同二十五メートル）に潜った。ちなみに、ダイビング船から飛び込んで入るダイレクトエントリーも、その後潮に沿って流れていくドリフトも初体験だった（これまでは船からエントリーしてもロープを伝って海底に入っていた）。

祖納・浦野墓地の中にある隠れビーチのような四畳半ビーチ

驚いたのは、海の透明度と明るさだ。特に二本目は、上がってから最大深度を聞いて耳を疑った。白砂の海底まで明るく、深度が二十五メートルもあったなんて夢に思っていなかった。そして、生き物たちの豊かさに魅せられた。「ニモ」で知られるカクレクマノミやウミガメをはじめウメイロモドキ、アナゴイ、コブシメ（甲イカの仲間）、ハナビラクマノミ、ナンヨウハギ、コンペイトウウミウシ、群を成すキンギョハナダイ……。まさに「竜宮城」さながらで圧巻だった。

個人的には、正倉院御物などに七色に輝く螺鈿《らでん》として使われている夜光貝の生きている姿を初めて見たことに感激し、二十五メートルの海底で手足の細長いオトヒメエビの愛らしい姿に夢中になった。

総じて、予想を遥かに上回る自然の豊かさに深く感じ入った。後日談だが、世界の名だたるダイビングスポットで潜りまくった人が、結局「一番豊かな海は日本の沖縄だった」と語っていた。さもありなんと思う。それはまた、海へと水が流れ込む陸の自然が豊かであるということの証でもある。

豊かな自然は、かけがえのない与那国の宝だ。この宝と共に、与那国が発展していくことを願ってやまない。

［写真上］ウミガメ
［写真下］キンギョハナダイの群れ
（写真提供：サーウェス与那国）

第５章

与那国のこれから――島の守りと発展

葛城 奈海

現地メディアの報道の垂れ流しに反論を

糸数町長から「沖縄メディアはあまりにもひどい。自衛隊を叩くことばかり考えて、何かあればすぐ一面トップの記事にする」とお聞きしてほどない令和六年九月末、「防人と歩む会」研修旅行で那覇駐屯地を訪ねた際に、まさにその言葉そのもののような記事を見せてもらった。

沖縄の「慰霊の日」となっている六月二十三日（昭和二十年六月二十三日、第三十二軍司令官だった牛島満中将が自決し、三月二十六日の慶良間諸島への米軍の攻撃に始まった沖縄戦における日本軍の組織的戦闘が終結した）、沖縄タイムスは一面トップ記事として、「牛島司令官の軍服展示 陸自那覇 旧軍と連続示す」を掲げた。広報資料館は今年六月からリニューアル作業のために一般公開を休止しているにもかかわらず、ご丁寧にもそこに「展示されていた牛島満司令官の軍服」写真までカラーで掲載している。「沖縄住民に多大な犠牲を強いた責任者をしのぶ遺品の展示は、日本軍と自衛隊の連続性を示している」とリードには記されている。

さらに、同記事内にはこんなことも書かれていた。「十五旅団はＨＰにも牛島司令官の辞世の句を掲載しており、皇国史観を受け継ぐものと批判されている。市民団体などが相次いで削除を要請しているが、二十二日時点でも削除はされていない」。

このＨＰとは、十五旅団の沿革が記されたページのことだ。そこに、昭和四十七年五月十五日の沖縄復帰と同時に那覇市に開設された那覇分屯地に、熊本県の健軍駐屯地から主力を移駐させた臨時第一混成群の初代群長・桑江良逢一等陸佐の「沖縄県本土復帰に伴う訓示」が掲載されている。鵜川隊長のインタビューでも触れられた「先人」である桑江初代群長の訓示は、こう結ばれる。

（前略）今日からは名実ともに日本の一県であり、日本国民の一員である。国家としても、戦後二十七年間の空白を一日も早く埋め、明るく豊かな沖縄県づくりのため、可能な限りの施策が講ぜられよう、我々第一混成群も、新しく沖縄に誕生し、海上数百キロにわたる沖縄全県の防御警備を担当し、災害派遣、人命救助、部外工事等の民生支援に任ずることになる。我々は、今日この意義深き沖縄復帰の日にあたり、我々の任務遂行を通じて、直接・間接に新生沖縄県の発展ならびに百万県民の平和な明るい生活・福祉の向上に寄与することを改めて決意するものである。最後に、沖縄作戦において風土・郷土防衛のために散華《さんげ》された軍官民二十余万の英霊に対し、この決意を誓うとともに御霊安かれと祈念する次第である。

牛島軍司令官辞世
秋待たで　枯れ行く島の　青草は
皇国の春に　甦らなむ
昭和四十七年五月十五日　一等陸佐
桑江良逢

これを指して「皇国史観を受け継ぐもの」と批判すること自体、かなり無理やりこじつけている感が否めないが、いずれにせよ、牛島中将の軍服にしても辞世にしてもかなり以前から展示・掲載しているのに、なぜそれを今更一面トップのニュースにするのか、理解に苦しむところだ。加えて、「沖縄タイムス」から遅れること約半月、今度は「琉球新報」が七月六日（土）付で、ほとんど同じ内容の記事を出した。「牛島司令官の軍服展示　陸自十五旅団　駐屯地内の資料館」。「自衛隊が日本軍と直結した顔をむき出しにしてきており、ものすごい危機感を抱いている」という大学名誉教授のコメントも引用している。

幸い、十五旅団総務課は「歴史的事実を示す資料で正しく伝わるよう努力していく。（掲載が）問題という認識は今はない」と削除に応じない考えを示しているが、これが沖縄の主要メディアの実態なのかと驚き呆れた。

旅団関係者から、「メディアがこのような状況だった一方で、反対の意見を寄せてくださった方がいました。一般社団法人日本沖縄政策研究フォーラムの仲村覚理事長による『桑江良逢群長訓示とともに掲載された牛島軍司令官辞世等を削除しないように求める要請書』で、これはとても有難かった。一件でも違う意見があれば、それをもとに自衛隊側も『このような意見もあります』と言えるのです」と聞き、意見を声に出していくことの大切さを再認識させられた。

実際、与那国では自衛隊に反対する人はほとんどいなくなったとはいえ、それでも未だに「南西諸島に自衛隊不要　非武装こそ平和を守る」などと書かれた横断幕（写真上）が道路沿いの壁にかけられているのも目にした。自衛官たちの不断の努力と、率先垂範して島を、ひいては日本を守ろうとする町長の熱意を無にしないためにも、声の大きなメディアが報じない、サイレント・マジョリティの声をしっかり発信していく必要性を感じ、「防人と歩む会」としても、その後、要請書を提出した。

与那国の発展に寄与するために

「防人と歩む会」副事務局長として、はたまた取材の助っ人として島に同行してくれた三谷優介氏は、元陸上自衛官だ。三年前に退官し現在、不動産業を営んでいる。今回初めて与那国を訪れ、沖縄本島とも、宮古・石垣・西表島などとも趣きの異なる、リゾート感がまったくない自然の美しさが印象的だったという。共に島を巡りながら、何度も童心に返ったような笑顔を見せ、心の底から島に魅せられ、満喫している様子が伝わってきた。

その一方、糸数町長や鵜川隊長の話から浮かび上がってきたインフラ等の課題を解決すべく、地域創生の必要性を感じたという。ここでいう課題とは、一般的な電気・水道・ガスの普及、整備などのことではなく、離島特有の輸送費に起因する開発・建設コスト高、空港や港湾のキャパシティの限界、産業基盤の内製化に必要なコスト競争力や人材確保力の低下などであり、それらが直接・間接的に影響して顕在化している課題として、以下のようなことが挙げられる。

三谷優介氏

自衛隊の誘致により一時的には回復したものの、基本的に続いている人口減少、島唯一の大型ホテルがコロナ禍で休業し宿泊施設不足に陥ったことによる、観光客の「日帰り観光化」とその経済的損失、本島から遠く離れているが故に自衛官とその家族が受ける離島ストレスにより、隊員を残し家族が内地に戻ってしまう事実等だ。

退官後、民間で働くようになってからの三谷氏は、資本主義社会における経済活動が、経済の本来の意味である「経世済民《けいせいさいみん》」（世を治め、民を苦しみから救うこと）と乖離《かいり》していることに違和感を抱いてきた。そんな中で与那国島を訪れ、その魅力と共に課題を目の当たりにし、自らが営む不動産業を通して課題を解決したい、ひいては真の意味で「経世済民」の仕組みづくりに貢献したいという気持ちが湧き上がってきた。地域に住む人々の生活基盤があってこその島の発展なので、たとえば、自衛官や公務員の宿舎となるような建物の建設や、移住者の物件サポート、観光客の宿泊施設建設、与那国町と連携した町おこしやＰＲなどに協力したいという。

糸数町長の話にあったように、人口を増やしたいからと言って、誰でもいいわけではない。「よほど慎重に考えなければ、かえって国のためにならない、ということもある」とは即ち、与那国の文化や自然を尊重し、元から住んでいる島民と共存共栄できる人に来てほしいということであろう。そんな町長の思いを実現するためにも、「経世済民」を念頭に置いた三谷氏のような存在が増え、島外との懸け橋になることを期待したい。

おわりに

今回の取材で直接立ち会うことは叶わなかったが、翌日の豊年祭に備えて様々な準備がなされた公民館を見たり、鵜川隊長や現地在住自衛官の話を聞いたり、島のあちこちにある写真を見たりと、島の人々にとって様々な祭事がいかに重要なものであるのかをそこここで感じた。島には年間四十近い祭りがあるという。多くの祭りは公民館が主催し、公民館長は神に仕える存在でもある。この祭りにおける祈りこそが、島の人々にとっての精神的支柱であろう。

神社か公民館かという違いこそあれど、私はそこに地域共同体が脈々と受け継がれ、強烈な存在感を放つ「古き良き日本」を垣間見た気がした。グローバル化が進み、日に日に共同体が力を失って個々人がバラバラになり、結果として、地域共同体の集合体である「国」としての力が弱まっている現代日本にあって、学ぶべきコミュニティのあり方がここにある、そう思った。

他方、与那国島は「日本最西端の島」として日々現実の脅威に晒《さら》されている。この脅威は一般国民の肉眼にはなかなか見えないが、自衛隊のレーダーには映っているはずだ。見えている者と見えていない者のギャップを埋めるためにもメディアが重要になるのだが、そのメディアが未だに自虐史観から脱却しておらず、旧態依然として頼りにならないことは前述の通りだ。

そんな中、糸数町長の毅然とした態度には、深く感銘を受けた。町長は、こんなことも話されていた。

「駐屯地ができたから狙われるという方に申し上げたい。何もないとしたら、自分がもし敵の司令官だったら、『ごちそうさま』と島をいただく。与那国に自衛隊がいなければ（自衛官以外の）島民一五〇〇名を人質にとる。そうなってからどうやって奪回するのですか？　無理です。取られたら取り返すというけれど、そもそも取られてはいけないのです。民間人は避難させて、迎撃つ。一メートルたりとも譲らないという覚悟が必要です」

周到に検討が重ねられた「与那国町国民保護計画」の綿密さは、町長の思いが言葉だけのものではないことの証左であろう。

さらに町長は、自衛官には駐屯地の外でも堂々と迷彩服や制服を着て歩くようにと話され、その自衛官の姿を島民のみならず観光客も目にすることで与那国の危機感、国防意識を日本全国へ広げていきたいという。その大局観にも感じ入った。

総じて、島を訪れ、これからの日本を正しい方向に導くためにも「与那国を知ってもらいたい」と心から思えたことが、本ブックレットの執筆を進める大きなモチベーションとなった。私自身が長い間、「遠い」と思ってきた与那国。本ブックレットが、その与那国を身近に感じていただく一助となるとともに、比類ない自然と文化を末永く継承しつつ、与那国が平和裡にさらに発展していくことに寄与できるとしたら、望外の幸せである。

令和六年十月七日

葛城奈海